# BEI GRIN MACHT SICH IHR WISSEN BEZAHLT

- Wir veröffentlichen Ihre Hausarbeit,
  Bachelor- und Masterarbeit

- Ihr eigenes eBook und Buch -
  weltweit in allen wichtigen Shops

- Verdienen Sie an jedem Verkauf

Jetzt bei www.GRIN.com hochladen
und kostenlos publizieren

# Ernährungstherapie bei chronisch entzündlichen Darmerkrankungen

Der Stellenwert der Ernährungstherapie bei Morbus Crohn und Colitis ulcerosa

Sven-David Müller

**Bibliografische Information der Deutschen Nationalbibliothek:**

Die Deutsche Nationalbibliothek verzeichnet diese Publikation in der Deutschen Nationalbibliografie; detaillierte bibliografische Daten sind im Internet über http://dnb.d-nb.de abrufbar.

ISBN: 9783640712823
Dieses Buch ist auch als E-Book erhältlich.



Das Buch bei GRIN: https://www.grin.com/document/158219

# Die Rolle der Ernährung bei Morbus Crohn und Colitis ulcerosa

Bei Menschen, die unter den chronisch entzündlichen Darmerkrankungen Morbus Crohn oder Colitis ulcerosa leiden, werden Ernährungseinflüsse für die Entstehung, den Ernährungs- und Allgemeinzustand, die Behandlung und das Auftreten von Nahrungsmittel-, Getränke- und Speisenintoleranzerscheinungen als bedeutsam angesehen. Chronisch entzündliche Darmerkrankungen führen häufig zu Ernährungsstörungen, deren Ausgleich Verlauf und Aktivität der Erkrankungen günstig beeinflussen können. Der Stellenwert der enteralen Ernährung mit Trink-, Sonden- und Zusatznahrungen wird im Gesamttherapiekonzept bei Morbus Crohn und Colitis ulcerosa bisweilen nicht gebührend beachtet. 80 – 90 Prozent der Crohn-Betroffenen leiden unter Bauchschmerzen, teils kolikartig, mit Schleim und Blutauflagerung. 90 Prozent von ihnen leiden an Durchfall und 60 bis 75 Prozent an Gewichtsverlust. Aufgrund von Komplikationen mit 90 Prozent der Morbus Crohn Patienten mindestens einmal im Krankheitsverlauf operiert werden. Der erwiesene Nutzen der enteralen Ernährungstherapie mit Trink-, Sonden- und Zusatznahrung (z. B. Modulen IBD oder Elemental 028) liegt in der raschen Besserung der klinischen Beschwerden, Verbesserung des Ernährungszustandes und Behandlung der Wachstumsretardierung und verzögerten sexuellen Reife bei von CED betroffenen Kindern und Jugendlichen. Die Beziehungen zwischen Ernährung und Morbus Crohn und Colitis ulcerosa sind vielfältig und für das symptomfreien Intervall und den akuten Entzündungsschub gegeben. Ob die Ernährungsweise ein Cofaktor in der Auslösung der Erkrankungen ist, ist nicht eindeutig geklärt. Insbesondere im Bereich der Probiotica scheinen vielfältige Zusammenhänge in der Auslösung und Therapie zu bestehen. Unter dem Begriff chronisch entzündliche Darmerkrankungen werden der Morbus Crohn, die Colitis ulcerosa sowie nicht klassifizierbare Formen (Colitis inditerminata) zusammengefasst. Die Ursachen und die Ätiologie der chronisch entzündlichen Darmerkrankungen im engeren Sinne (Morbus Crohn und Colitis ulcerosa) sind weiterhin nicht geklärt. Chronisch entzündliche Darmerkrankungen werden weltweit beobachtet, sie unterscheiden sich jedoch erheblich in ihren Inzidenzrate. Beide Erkrankungen werden in den vergangenen Jahren zunehmend diagnostiziert. Insbesondere die Häufigkeit des Morbus Crohn nimmt insgesamt zu. Zweifelsfrei belegbar sind die Beziehungen zwischen Ernährung und Auslösung der chronisch entzündlichen Darmerkrankungen Morbus Crohn und Colitis ulcerosa nicht. Die Häufigkeitsrate für den Morbus Crohn und die Colitis ulcerosa ist in Nordeuropa deutlich höher im Vergleich zu Südeuropa. Ein ähnliches Nord-Süd-Gefälle findet sich auch in Amerika, wo die Erkrankungen in den entwickelten nordamerikanischen Gebieten (beispielsweise den USA) häufiger sind als in den weniger entwickelten südamerikanischen Gebieten. Da die Ernährungsweise ebenfalls ein Nord-Süd-Gefälle aufweist, gab und gibt es immer Gedankenansätze bezüglich einer Ernährungskomponente in der Genese der chronisch entzündlichen Darmerkrankungen. Es bleibt aber festzustellen, dass bisher Ernährungsfaktoren in der Auslösung der Erkrankungen Morbus Crohn und Colitis ulcerosa nicht wissenschaftlich eindeutig gesichert sind. Das Nord-Süd-Gefälle lässt vermuten, dass eine verminderte Zufuhr von Ballaststoffen und eine vermehrte Aufnahme von Zucker und zuckerhaltigen Nahrungsmitteln sowie Fetten (insbesondere gehärtetes Fett sowie erhitztes Fett) an der Krankheitsentstehung ursächlich beteiligt sein könnten. Tatsächlich konnte beim Morbus Crohn, nicht hingegen bei der Colitis ulcerosa, ein Vergleich zu Gesunden gesteigerter Verzehr von Zucker und zuckerhaltigen Speisen nachgewiesen werden, während sich nur in einem Teil der Studien eine erniedrigte Aufnahme von Ballaststoffen zeigte. Diskutiert wird ferner die potentiell krankheitsauslösende Rolle von Transfettsäuren und von Bäckerhefe (Saccharomyces serevisiae) sowie ein erhöhten Erkrankungsrisiko von Personen, die nicht gestillt wurden. Bei Patienten mit Colitis ulcerosa gibt es weit weniger Hinweise auf einen Zusammenhang zwischen Ernährungsfaktoren und Auslösung der Erkrankung. Obwohl bei Morbus Crohn Patienten eine vermehrte Zufuhr von Zuckerhaltigem vor als auch nach Ausbruch der Erkrankung festgestellt wurde, ist deren ursächliche oder krankheitsverschlimmernde Bedeutung nicht belegt. Die Ballaststoffzufuhr bei Crohn-Patienten ist teils normal, teils reduziert.

**Gründe der Mangelernährung bei Morbus Crohn**
Verminderte Nahrungsaufnahme
- Schmerzen
- Appetitlosigkeit
- Angst vor dem Essen (bevor ich etwas Falsches esse, esse ich besser nichts, weniger oder einseitig)
- Durchfall
- Übelkeit
- Erbrechen
- Anorexie

Resorptionsstörungen
- Kurzdarmsyndrom nach Operationen
- Gallensäureverlust nach Ileumresektion
- Bakterielle Fehlbesiedelung/Überwucherung des Dünndarms
- Medikamentenbedingt

Gastrointestinale Probleme
- Intoleranzen von Nahrungsmitteln
- Enterale Fisteln
- Stenosen
- Verminderte Resorptionsfläche und –kapazität
- Laktasemangel

Erhöhte Verluste
- Eiweißverlustsyndrom (exudative Enteropathie)
- Blutungen im Magen-Darm-Trakt
- Durchfall

Gesteigerter Bedarf (Stresszustände)
- Fieber
- Operationen
- Hohe Entzündungsaktivität
- Gesteigerter Zellumsatz im Gastrointestinaltrakt

Medikamentennebenwirkung
- Eiweißabbau (bedingt durch Glucocorticoide)
- Folsäuremalabsorption (bedingt durch Sulfasalazin)
- Malabsorption fettlöslicher Vitamine (bedingt durch Cholestyramin)

Patienten mit chronisch entzündlichen Darmerkrankungen haben einen erhöhten Energiebedarf, der zwischen 35 und 45 Kilokalorien pro Körperkilogramm liegt (Beispiel: 75 Kilogramm schwer = 75 x 40 = 3000 Kilokalorien). Bei chronisch entzündlichen Darmerkrankungen kann es zu einer Fettverwertungsstörung kommen. In diesem Falle kommt es zu sogenannten Fettstühlen (Steatorrhoe), die durch eine Reduktion von herkömmlichem Nahrungsfett und die ersatzweise Gabe von MCT-Fetten behandelt werden. MCT-Fette (mittelkettige Triglyzeride) sind ohne Emulgation und enzymatische Spaltung leicht resorbierbar. MCT-Fette kommen praktisch in Nahrungsmitteln nicht vor. Die diätetische Lebensmittelindustrie bietet MCT-Spezialprodukte (Ceres Produkte und Basis MCT-Diätprodukte) an. Es gibt unter anderem Margarine, Öl, Schmelzkäse, Putencreme und Schokocreme mit MCT-Fetten. Wichtig ist, dass MCT-Fette nicht zum Hocherhitzen geeignet sind. Die Produkte sind über den Versandhandel (Ceres) oder im Reformhaus (Basis MCT-Diät) erhältlich. In Fischöl vorkommende Eikosane (z. B. Eikosan 500 oder 750) sind antientzündlich wirksam. Mittels Omega-3-Fettsäuren konnte bei Colitis-Patienten eine 53prozentige Reduktion der Krankheitsaktivität erzielt werden. Auch die Rezidivrate ließ sich dadurch reduzieren. Eikosane kommen im Fett von Fischen wie Lachs, Hering oder Makrele vor. Patienten mit chronisch entzündlichen Darmerkrankungen müssen auf eine ausreichende Flüssigkeitszufuhr achten. Das trifft insbesondere zu, wenn sie unter Durchfall leiden. Im akuten Entzündungsschub sollte keine starker Kaffee oder Tee getrunken werden. Auch Früchtetees sind aufgrund ihres Fruchtsäuregehaltes oftmals im Schub schwer verträglich. Gut verträglich sind stille Mineralwässer. Das Trinken von grünem Tee scheint sinnvoll, da die enthaltenen Polyphenole den Tumornekrosefaktor Alpha hemmt. Im symptomfreien Intervall können Kaffee und Schwarztee getrunken werden. Zitrusfruchtsäfte werden bei CED prinzipiell schlecht vertragen.

**Bewertung des Körpergewichts:**
Eine einfache Methode das Körpergewicht zu bewerten ist der Body-Maß-Index (BMI = Körpermassenindex). Dabei wird das Verhältnis von Körpergewicht in Kilogramm zu Körpergröße in Metern zum Quadrat berechnet oder vereinfacht: Körperkilogramm geteilt durch Körpergröße in Metern zum Quadrat.

| Unter 19 | → | Untergewicht |
| Zwischen 19 und 25 | → | Normalgewicht |
| Zwischen 25 und 27 | → | leichtes Übergewicht |
| Zwischen 27 und 30 | → | mäßiges Übergewicht |
| Über 30 | → | starkes Übergewicht (Adipositas) |
| Über 40 | → | massives Übergewicht (Adipositas permagna) |

Beispiel für die BMI-Berechnung: Eine 45jährige Frau mit einer Größe von 1,68 Metern und einem Gewicht von 52 Kilogramm hat einen BMI von 18,4. Das bedeutet Untergewicht, eine Gewichtszunahme ist empfehlenswert.

**Diätetische Therapie bei chronisch entzündlichen Darmerkrankungen:**
Morbus Crohn und Colitis ulcerosa sind die häufigsten chronisch entzündlichen Darmerkrankungen (CED). Sie manifestieren sich meist in der Jugend oder dem frühen Erwachsenenalter. Beide Erkrankungen sind nicht heilbar und es gibt Mischformen beider Erkrankungen. Die Colitis ulcerosa ist nur chirurgisch durch Resektion des Colons „heilbar". Eine kausale Ursache für den Morbus Crohn oder die Colitis ulcerosa ist nicht bekannt. Die Erkrankungen sind multifaktoriell bedingt. Als Ursachen werden u. a. angeschuldigt:
- Genetische Prädisposition
- Ernährungsfaktoren (Western Diet = westliche Ernährungsweise)
- Umwelteinflüsse
- Allergische Reaktionen
- Mikroorganismen
- Noxen
- Psychische Faktoren

**Stenosen, Fistelbildung und andere Begleiterscheinungen:**
Bei Morbus Crohn kommt es oft zu Fistelbildungen. Nach Verminderung von Entzündungen bilden sich häufig am ehemals stark entzündeten Areal Stenosen aus. Im akuten Entzündungsschub kann es, abhängig von Lokalisationsort der Erkrankung zu laktasemangelbedingter Laktoseintoleranz (bei Morbus Crohn), Gallensäureverlustsyndrom mit chologener Diarrhoe oder Steatorrhoe kommen.

**Ernährungseinflüsse:**
Die Western Diet mit reichlichem Zucker- und Fastfoodkonsum bei Ballaststoff-mangel und Bevorzugung synthetischer Fette (Margarine mit einem hohen Anteil gesättigter Fettsäuren und/oder Transfettsäuren) werden als krankheitsmitauslö-sende Ernährungsfaktoren zusammengerechnet. Diese sind für den Morbus Crohn als „Mitentstehungsursache" nach bisherigem Kenntnisstand relevanter als bei der Colitis ulcerosa. Bei der Colitis wird insbesondere eine nicht stattgehabte Muttermilchernährung als Mitursache angesehen. Es wird diskutiert, ob CED auch allergisch bedingt sind. Ausschlussdiäten (exclusion diet) und die kohlenhydrat-arme Lutz-Diät haben bei einigen CED-Patienten Erfolge. Die bisher erhobenen wissenschaftlichen Daten erlauben keine pauschale Empfehlung hinsichtlich die-ser „Außenseiter-Diätkostformen". Auch könnten CED auf ein Mikroorganismus (ähnlich Helicobakter pylori bei Gastritiden) zurückzuführen sein. Dies wird durch die erfolgreichen Therapien mit Probiotica bei CED gestützt. Tatsächlich konnte beim Morbus Crohn, hingegeben nicht bei der Colitis ulcerosa, ein im Vergleich zu Gesunden gesteigerter Verzehr von Zucker (Saccharose) nachgewiesen wer-den, während sich nur in einem Teil der Untersuchungen eine erniedrigte Auf-nahme

**Der Einfluss der Darmflora auf Colitis ulcerosa und Morbus Crohn mit Lo-kalisationsort Dickdarm**
Viele Faktoren spielen eine Rolle bei der Entstehung der chronisch entzündlichen Darmerkrankungen. Eine große Bedeutung haben die Bakterien, die unseren Dam als sogenannte Darmflora besiedeln. Der Magen-Darm-Trakt ist von einer unvorstellbar großen Anzahl von Mikroorganismen besiedelt und beträgt rund 100 Billionen Bakterien (100.000.000.000.000). Die meisten davon sind Bakteri-en, die mit anderen Kleinstlebewesen die Darmflora bilden. Die höchste Konzent-ration findet sich im Dickdarm. Diese Darmflora ist jedoch nicht etwa schädlich, sondern außerordentlich wichtig und gesundheitsförderlich. Die größte Oberflä-che des menschlichen Organismus ist nicht etwa die Haut, sondern die Oberflä-che des Magen-Darm-Traktes, die mit rund 200 Quadratmeters ungefähr so groß ist, wie ein Tennisfeld. Sofort nach der Geburt werden alle Körperoberflächen des Neugeborenen, natürlich auch der Magen-Darm-Trakt, mit Bakterien und ande-ren Kleinstlebewesen besiedelt. Die Bakterien bilden dort eine Lebensgemein-schaft, innerhalb derer sich die verschiedenen Arten im Gleichgewicht befinden. Krankmachende Bakterien können dieses Gleichgewicht stören, gesundheitsför-derliche Bakterien tragen dazu bei, es zu erhalten. Die Schleimhaut des Magen-Darm-Traktes muss den Organismus vor dem Eindringen von schädigenden Sub-stanzen schützen. Die Darmflora ist keine leblose Masse, sondern lebendig. Die Darmflora ist wichtig für eine gute Abwehrsituation des Körpers und sie ist ein wichtiger Bestandteil des Immunsystems. Die Darmflora ist aber auch wichtig für die Ernährung des Dickdarms, denn die Darmflora lebt von Ballaststoffen, die wir nicht verdauen können. Die Mikroorganismen aber können Ballaststoffe verwer-ten und als Stoffwechselendprodukt fallen unter anderem kurzkettige Fettsäuren an, die die Darmschleimhaut als Substrat nutzen kann. Bei der Entstehung von Morbus Crohn und Colitis ulcerosa spielt auch das Immunsystem eine wichtige Rolle. Die stärksten entzündlichen Veränderungen finden sich bei Morbus Crohn und Colitis ulcerosa an Orten mit hoher Konzentration krankmachender Keime (pathogene Mikroorganismen). Dabei scheint die natürliche Toleranz des Darm-immunsystems gegenüber den normalen Darmmikroorganismen verlorengegan-gen zu sein. Überschießende Immunreaktionen, die sich unter anderem auch ge-gen das eigene Darmgewebe richten, sind die Folge. Verschiedene Studien kom-

men zum Ergebnis, dass Veränderungen der Darmflora an der Entstehung der Erkrankungen ursächlich beteiligt sind. Die chronisch entzündlichen Darmerkrankungen betreffen hauptsächlich den Dickdarm. Hier ist die höchste Bakterienkonzentration, denn der Stuhl besteht zu rund 50 Prozent aus Bakterien. Bestimmte Mikroorganismen befinden sich bei Morbus Crohn und Colitis ulcerosa vermehrt im Darm. Bestimmte krankmachende Keime werden bei Menschen, die unter chronisch entzündlichen Darmerkrankungen häufiger gefunden, als bei Gesunden. Die bei CED veränderte Darmflora produziert außerdem weniger Substrat für die Zellen der Darmschleimhaut. In Studien zeigte sich, dass die Zufuhr von bestimmten Mikroorganismen als Arzneimittel die Darmflora verbessert und ein erfolgreicher Therapieansatz bei chronisch entzündlichen Darmerkrankungen darstellt. Ein solcher spezieller gesundheitsförderlicher Bakterienstamm wurde vom Freiburger Hygieniker Prof. Dr. med. Alfred Nissle entdeckt. Escherichia-coli-Bakterien des von Professor Nissle entdeckten Stammes (E. coli Stamm Nissle 1917) haben die Fähigkeit, andere, krankmachende Mikroorganismen abzuwehren. Sie können sich an der Darmschleimhaut anhaften und über längere Zeit ansiedeln. Sie schützen den Körper vor krankmachenden Eindringlingen und bilden die für die Ernährung der Darmschleimhautzellen und die Durchblutung der Darmwand so wichtige kurzkettige Karbonsäure. Nicht zuletzt haben die probiotischen (pro = für, bios = das Leben) E. coli Bakterien eine anregende Wirkung auf bestimmte Zellen des Immunsystems und machen dadurch abwehrstark. Bereits 1918 berichtete Prof. Dr. med. Nissle erstmals über die erfolgreiche Anwendung bei einer Patientin mit Colitis ulcerosa. In aktuellen Studien zeigte sich, dass die Therapie mit dem E.-coli-Stamm Nissle 1917 der Therapie mit Mesalazin in der Wirksamkeit gleichwertig ist. Viel sinnvoller ist es jedoch, die Probiotika in Form von Arzneimitteln zusätzlich zur medikamentösen Therapie einzunehmen und den Effekt noch zu verbessern. Patienten, die die medikamentöse Therapie nicht vertragen, haben mit E.-coli-Stamm Nissle 1917 eine Alternative in der Therapie. Die probiotischen Bakterien können dazu beitragen, dass es bei Colitis ulcerosa und Morbus Crohn häufigere, längere Phasen eines beschwerdefreien oder beschwerdearmen Lebens gibt. Die Behandlung mit Escherichia-coli-Stamm Nissle 1917 ist bei Colitis ulcerosa und Morbus Crohn gut verträglich. Diese Probiotika sollten im akuten Entzündungsschub als auch im symptomfreien Intervall Therapiebestandteil sein.

**Ernährung im akuten Entzündungsschub:**
Der Wer der künstlichen Ernährung, sowohl der enteralen als auch der parenteralen, für die Verbesserung des Ernährungszustandes von CED-Betroffenen steht außer Zweifel. Die Ernährung im akuten Entzündungsschub erfolgt total oder teilweise parenteral über einen ZvK (zentraler Venenkatheter) oder oral (über den Mund) oder via Sonde (Sonde durch die Nase) mit hoch- oder niedermolekularen Trink-/Sondennahrungen. Beim Morbus Crohn liegt eine relative Kontraindikation für eine Ernährung über eine PEG (= perkutane (durch die Haut) gastroskopische (mit dem Gastroskop gelegte) Gastrostomie (Punktion, Einbringung einer Sonde)) vor. Die enterale Ernährung ist in ihrer Wirksamkeit der parenteralen Ernährung überlegen. Niedermolekulare Nahrungen werden heute nur noch selten eingesetzt. Inzwischen stehen Spezialnahrungen für CED-Patienten zur Verfügung (Elemental 028 oder Modulen IBD). Die ausschließliche künstliche Ernährung dient zudem therapeutischen Zwecken. Bei Morbus Crohn lässt sich durch enterale Ernährung in 50 bis 90 Prozent eine Remission erzielen. Die Rezidivrate ist bei parenteraler und enteraler Ernährung gleich hoch. Mit Glucocorticoiden liegt die Remissionsrate bei 79 Prozent. Sinnvoll ist es, eine künstliche Ernährung mit der Glucocorticoidtherapie zu kombinieren. Am Anfang der Thera-

pie sollten die Nahrungen in jedem Falle frei von Ballaststoffen und reich an MKT-Fetten sein. Lediglich therapierefraktäre Patienten werden parenteral ernährt. Bei Symptombesserung und Absenkung der Entzündungsparameter erfolgt ein langsamer Kostaufbau. Die parenterale Ernährung führt rasch zur Zottenatrophie und birgt die Gefahr der bakteriellen Translokation. Patienten, die unter Durchfall leiden, müssen ausreichend Flüssigkeit zuführen. Oftmals ist die parenterale Flüssigkeitssubstitution über periphere Zugänge notwendig.

**Stufen des Kostaufbaus:**
1. Kohlenhydratphase (nahezu ballaststofffrei)
2. Kohlenhydrat-/Eiweißphase (nahezu ballaststoff- und fettfrei)
3. erweiterte KH-/Eiweißphase
4. Beginn mit Fetten (eventuell anfänglich MKT-Fette)
5. Leichte Vollkost ohne Zucker

**Enterale und parenterale Ernährung:**
Als Zufuhrweg für die Nähr- und Wirkstoffe ist möglichst der Magendarmtrakt zu nutzen. Im Vergleich zur parenteralen Ernährung hat die enterale Ernährung mit Trink-, Sonden- oder Zusatznahrung einen deutlich geringen Überwachungsbedarf, verursacht weitaus geringere Kosten, verhindert eine bakterielle Translokation, ist risikoärmer (Katheterkomplikationen wie Sepsis oder Thrombose) und führt nicht zu Atrophie der Dünndarmzotten, die einen Kostaufbau erschwerden. Bei kachetischen Patienten werden im Kostaufbau zusätzlich Trink- und Sondennahrungen gegeben. Der Energiebedarf im akuten Entzündungsschub liegt abhängig vom Körpergewicht bzw. Ernährungszustand bei 40 bis 50 kcal/Körperkilogramm Istgewicht. Der Kostaufbau nach parenteraler Ernährung ist komplizierter und langwieriger als nach enteraler Ernährung, da es unter parenteraler Ernährung nach 7 bis 10 Tagen zur Zottenatrophie kommt. Bei einer durchschnittlichen Behandlungsdauer von 4 bis 5 Wochen lassen sich sowohl bei enteraler Ernährung als auch bei parenteraler Ernährung Remissionsraten von rund 80 Prozent erzielen. In der akuten Phase einer Colitis ulcerosa (Entzündungsschub) erfolgt die Entscheidung für enterale oder parenterale Ernährung nach ähnlichen Kriterien wie bei Morbus Crohn. Prinzipiell ist die enterale Ernährung der parenteralen Ernährung überlegen, wie Studien zeigen. Enterale Ernährung ist bei chronisch entzündlichen Darmerkrankungen verordnungs- und erstattungsfähig. Das ist in den Arzneimittelrichtlinien und dem Sozialgesetzbuch geregelt.

**Spezialnahrungen bei chronisch entzündlichen Darmerkrankungen:**
Elemental 028 und Modulen IBD: Chemisch definierte Nahrungen enthalten sogenannte Oligopeptide als Eiweißquelle und schmecken daher nicht besonders gut. In der Regel werden Oligopeptiddiäten daher auch über eine Sonde verabreicht. Elemental 028 wurde speziell für die Belange von CED-Patienten entwickelt. Es ist eine wohlschmeckende bilanzierte Trinknahrung, die zur ausschließlichen und ergänzenden Ernährung bei chronisch entzündlichen Darmerkrankungen geeignet ist. Neben Elemental 028 wurde Modulen IBD (inflammatory bowle disease = chronisch entzündliche Darmerkrankungen) speziell für Morbus Crohn und Colitis ulcerosa Patienten entwickelt. Beide Nahrungen finden ihren Einsatz im akuten Entzündungsschub und im symptomfreien Intervall.

**Anus praeternaturalis und Stenosen:**
Die Colitis ulcerosa ist durch eine Resektion des Dickdarms heilbar. In der Regel muss ein Anus praeternaturalis oder ein Pouch angelegt werden. Kommt es bei

Morbus Crohn zur Ausbildung von Stenosen, ist immer eine ballaststofffreie bzw. -arme Kost (keine faserigen Lebensmittel wie Sauerkraut, Zitrusfrüchte oder Müsli) angezeigt. Fisteln können eine totale Nahrungskarenz erfordern.

**Ernährung im symptomfreien Intervall:**
Ausgehend von der Annahme, dass ein gesteigerter Konsum von Zucker, Zuckerhaltigem und eine geringe Aufnahme von ballaststoffreichen Lebensmitteln bei Morbus Crohn in der Entstehung bedeutsam ist, wurde der Wert einer zuckerarmen, ballaststoffreichen Diät im Hinblick auf Rezidivprophylaxe untersucht. Eine Multicenterstudie ergab, dass kein Unterschied zwischen dieser Ernährungsweise und einer üblichen gesunden Ernährung besteht. Im symptomfreien Intervall ist daher eine ausgewogene, vitamin- und mineralstoffreiche, eiweißreiche Ernährung zu gewährleisten. Zink sollte aufgrund seines antiinfammatorischen Effekts dauerhaft substituiert werden (Tagesdosis: 15 mg). Die Einhaltung einer leichten Vollkost ist nicht notwendig. Individuelle Nahrungsmittelunverträglichkeiten müssen ausgetestet werden (Ernährung-/Beschwerde-/Stuhltagebuch). Es gibt keine allgemeingültige, die Symptomfreiheit gewährleistende Crohn- oder Colitisdiät. Bei Colitis ulcerosa hat sich die Substitution von Omega-3-Fettsäuren (Fischölkapseln), die antiinflammatorisch wirken, bewährt. Gleichzeitig sollte eine geringe Arachidonsäurezufuhr erfolgen, da diese Fettsäure die Entzündung unterhält. Die Gabe von wasserlöslichen Ballaststoffen (Mucofalk) als adjuvante Therapie ist sinnvoll. Wasserlösliche Ballaststoffe sind geeignet, den Stuhl leicht einzudicken und werden von der Darmflora u. a. zu kurzkettigen Fettsäuren abgebaut, die den Ernährungsstatus der Darmschleimhaut im Colonbereich verbessern.

**Eliminationsdiäten**
In der Therapie chronisch entzündlicher Darmerkrankungen wird immer wieder über die Zufuhr oder ein Weglassen von Lebensmitteln diskutiert, die bei der Entstehung und Therapie bedeutsam sein könnten. Besondere Bedeutung hat eine vom Addenbrookes-Hospital in Cambridge propagierte Form der Eliminationsdiät. Erstmals wurde bereits 1935 über positive Effekte einer Eliminationsdiät bei nahrungsmittelsensitiver Colitis berichtet. Nahrungsmittel, die am häufigsten zur Unverträglichkeit führten, waren Getreide (insbesondere Weizen, Roggen und Hafer), Hefe, Milch, Eier, Kartoffeln, Kaffee, Tee, Pilze, Schokolade und Zwiebeln. Die Grundidee der Eliminationsdiät ist es Nahrungsmittel zu meiden, für die eine spezifische Intoleranz gegeben sein könnte. Das nachzuweisen ist aber sehr schwierig. Für eine Eliminationsdiät kommen nur Patienten in Frage, die unter enteraler Ernährung zur Remission gelangt sind. Regelmäßig erhält der Patienten in Absprache mit Diätassistenten einzelne Lebensmittel zum Speiseplan zugeführt. Bleibt er darunter beschwerdefrei, kann dieses Lebensmittel dauerhaft gegessen werden. Beschwerdeauslösende Lebensmittel müssen strikt gemieden werden. Die ersten 7 getesteten Lebensmittel sind: Huhn, Reis, Karotten/Mohrrüben, Birne, Sojamargarine, Sojamilch und Kartoffeln. Zusätzlich wird enterale Ernährung verabreicht. Die erheblichen Praktikabilitätsprobleme dieser Therapieform zeigen, dass eine hochmotivierte und einsichtige Patientengruppe vorauszusetzen ist. Zu betonen ist, dass Lebensmittel mehrfach ausgetestet werden müssen und die Prozedur der Austestung langwierig und kompliziert ist. Lebensmittel, die am häufigsten Beschwerden verursachten:

| | |
|---|---|
| Weizen | 69 % |
| Milch und Milchprodukte | 48 % |
| Hefe | 31 % |

Mais                                        24 %
Bananen, Tomaten, Wein und Eier 14 %

Bei Morbus Crohn und Colitis ulcerosa handelt es sich nach dem heutigen Kenntnisstand aber nicht um Nahrungsmittelallergien. Daß Nahrungsmittelallergene für die Aktivität der Erkrankung verantwortlich sind, ist wenig wahrscheinlich. Es besteht aber der Verdacht, dass bestimmte – individuell unterschiedliche – Nahrungsmittelzusatzstoffe und Nahrungsmittel einen mitauslösenden Faktor spielen. Dazu sind weitere Untersuchungen und Studien notwendig.

## Lutzdiät
Die Lutzdiät ist eine Sonderform der Eliminationsdiäten. Die Lutzdiät beschränkt die Zufuhr an Kohlenhydraten. Einzelne Patienten berichten über eine Wirksamkeit. Wurde das Konzept dieser Außenseiterkostform jedoch in kontrollierten Studien überprüft, so erwies es sich als wirkungslos. Es steht jedem Patienten frei, eine Lutzdiät auszuprobieren und die Effekte zu überprüfen. Wichtig ist jedoch, dass es nicht zu einer Mangelernährung oder Untergewicht kommen darf. Der Österreicher Mediziner Lutz vertritt seit Jahren die Ansicht, dass eine Vielzahl von Erkrankungen – auch chronisch entzündliche Darmerkrankungen – Folge einer zu großen Kohlenhydrataufnahmemenge sind. Er empfiehlt daher eine kohlenhydratarme Kost, die nach Broteinheiten (BE) berechnet wird. Sonst berechnen nur insulinpflichtige Diabetiker ihre Kohlenhydrate nach BE´s.

## Ballaststoffe in der Therapie chronisch entzündlicher Darmerkrankungen
Insbesondere wasserlösliche Ballaststoffe haben ihren festen Platz in der adjuvanten Therapie von chronisch entzündlichen Darmerkrankungen. Sie haben verschiedene Effekte, von denen insbesondere die stuhlandickende Wirkung wichtig ist. Zudem entstehen aus ihnen im Colon durch die Bakterien der Colonflora kurzkettige Fettsäuren. Sie sind physiologische Substrate der Energiegewinnung der Zellen der Colonschleimhaut. Ihre günstige Wirkung geht auf das Butyrat zurück. Untersuchungen belegen, dass die kurzkettige Fettsäure Butyrat von der normalen Dickdarmmucosa als Energieträger bevorzugt verstoffwechselt wird und dass dieser Prozess bei der Colitis ulcerosa gestört ist. Die Entzündungsaktivität im absteigenden Dickdarm lässt sich durch die Anwendung von Butyrat-Klysmen vermindern. Die diätetische Therapie besteht in der Gabe von wasserlöslichen Ballaststoffen (beispielsweise Plantago-ovata-Samenschalen), die die Butyratkonzentration im unteren Colonbereich erhöhen. Bei Colitis ulcerosa und einem Morbus Crohn mit Lokalisation im Colon sollte eine Ernährung ballaststoffreich sein (außer beim Vorliegen von Stenosen). Zudem sollten wasserlösliche Ballaststoffe in Form von Plantago-ovata-Samenschalen (indischer Flohsamen) als Arzneimittel (beispielsweise Mucofalk oder Metamucil) Bestandteil der adjuvanten Therapie bei Colitis ulcerosa und Morbus Crohn mit Lokalisation im Colon sein.

## Kachexie / Mangelernährung:
Stationäre und ambulante Patienten mit chronisch entzündlichen Darmerkrankungen weisen oftmals die Zeichen einer allgemeinen Mangelernährung auf und sind häufig untergewichtig. Das trifft für Patienten im akuten entzündlichen Schub als auch im symptomfreien Intervall zu. Um eine Mangelernährung und/oder ein Untergewicht behandeln zu können ist die Verabreichung von hochkalorischen, eiweißreichen Trink- oder Zusatznahrungen sinnvoll. Die Gabe davon im symptomfreien Intervall kann sinnvoll sein. Trink- und Sondennahrungen werden bei CED Patienten von den Kostenträgern nach Verordnung erstattet. Un-

ter Cortionstherapie muss eine Osteoporoseprophylaxe via kalziumreiche Ernährung durchgeführt werden. Übergewichte CED-Patienten sollten über die Vorteile des erhöhten Körpergewichts aufgeklärt und nicht zur Gewichtsreduktion angehalten werden. Die Verabreichung von Probionten (E. coli Stamm Nissle als Mutaflor) erscheint bei CED-Patienten angezeigt. Patienten mit Morbus Crohn sind durch die Lokalisation der Entzündung bedingt häufiger von Mangelernährung und Untergewicht betroffen als Patienten mit Colitis ulcerosa. Die Zeichen der Mangelernährung und das Untergewicht sind nach Einleitung einer künstlichen, enteralen oder parenteralen Ernährung meist rasch reversibel.

**Ernährungsdefizite bei Morbus Crohn (fettgedruckt = besonders häufig)**

| | |
|---|---|
| **Gewichtsverlust** | **65 bis 75 %** |
| Niedriger Albuminspiegel | 25 bis 80 % |
| **Eiweißverlust über den Magen-Darm-Trakt** | **65 bis 80 %** |
| **Negative Stickstoffbilanz (Eiweißmangel)** | **55 bis 75 %** |
| **Anämien (Blutarmut)** | **60 bis 80 %** |
| Eisenmangel | 35 bis 50 % |
| **Folsäuremangel** | **50 bis 65 %** |
| Vitamin B12-Mangel | 35 bis 45 % |
| Kalziummangel | 10 bis 20 % |
| Magnesiummangel | 14 bis 35 % |
| Kaliummangel | 5 bis 20 % |
| **Zinkmangel** | **40 bis 55 %** |
| Vitamin-C-Mangel | 10 bis 30 % |
| **Vitamin-D-Mangel** | **60 bis 80 %** |
| Vitamin-K-Mangel | 10 bis 25 % |

Vor dem Hintergrund der besonders häufigen Mangelzustände an Energie, Eiweiß, Folsäure, Zink und Vitamin-D erscheint eine Substitution dieser Stoffe über Zusatz- oder Trinknahrung oder Vitamin-/Mineralstoffpräparate bei allen Patienten mit Morbus Crohn angezeigt. Von den Spurenelementen ist häufig das Zink im Serum erniedrigt. Bei Diarrhoen ist die Stuhlzinkausscheidung deutlich erhöht, sodass Crohn- und Colitis Patienten einen deutlich erhöhten Zinkbedarf haben. Zudem ist das Spurenelement entzündungshemmend. Zink sollte in einer organischen Form gegeben werden, da diese besser resorbiert werden können. Es bietet sich Zinkhistidin (Zinkamin Falk oder Curazink), Zinkorotat (Zinkorotat POS) oder Zinkglukonat (Diazink) an. Die Zinkzufuhr über Tabletten sollte täglich zwischen 15 und 30 Milligramm liegen. Es ist sinnvoll, die Tabletten vor dem Schlafengehen und morgens nüchtern einzunehmen. Ein Vitamin B12 Mangel wird fast ausschließlich bei Morbus Crohn Patienten festgestellt. Vitamin B12 wird im terminalen Ileum, das bei vielen Morbus Crohn Patienten von der Entzündung betroffen ist, resorbiert. Bei Resektionen von mehr als 100cm des terminalen Ileums kommt es ebenfalls zu Mangelerscheinungen. Oftmals ist der Mangel nur durch die parenterale Gabe von Vitamin B12 ausgleichbar, da entweder kaum resorbiert wird oder da ein Kurzdarmsyndrom vorliegt.

**Ernährungsdefizite bei Colitis ulcerosa (fettgedruckt = besonders häufig)**

| | |
|---|---|
| Gewichtsverlust | 20 bis 60 % |
| Niedriger Albuminspiegel | 25 bis 50 % |
| **Anämien (Blutarmut)** | **60 %** |
| **Eisenmangel** | **80 %** |
| Folsäuremangel | 30 bis 40 % |
| Vitamin B12-Mangel | 5 % |
| **Vitamin-D-Mangel** | **35 %** |

Durch den Lokalisationsort und die Art der Entzündung bedingt kommt es bei Colitis ulcerosa häufig zu einem Eisenmangel, der eine Anämie hervorruft. Zur Bekämpfung der Eisenmangelanämie muss Eisen (in Form von 100 mg Eisen-(II)-Sulfat) und Kupfer (in Form von 1,5 mg Kupferorotat) in Tablettenform gegeben werden. Kupfer hat eine wichtige Rolle im Eisenstoffwechsel und oftmals sind Eisenmangelanämien durch einen gleichzeitig vorliegenden und nicht behandelten Kupfermangel nicht therapierbar. Zur Verbesserung der Eisenresorption dienen Vitamin C und Fruchtsäuren. Daher ist es sinnvoll Eisentabletten mit Fruchtsaft, beispielsweise Orangensaft einzunehmen. Da Gerbsäure die Eisenaufnahme hemmt, sollten Eisentabletten nicht mit schwarzem Tee eingenommen werden. Zink und Eisenpräparate sollten ebenfalls nicht zusammen eingenommen werden, da sie sich gegenseitig in der Resorption vermindern. Ein unzureichender Ernährungszustand reduziert die Wund- und Fistelheilung und senkt die Toleranz gegenüber weiteren Blut- und Eiweißverlusten. Ein Mangel an Folsäure, Niacin und insbesondere Zink kann das Auftreten von Diarrhoen begünstigen und die Entzündungsaktivität heraufsetzen. Schwer therapierbare Diarrhoen können auch auf einen Zinkmangel zurückzuführen sein. Langanhaltende Diarrhoen wiederum begünstigen die Entstehung eines Zinkmangels. Daher ist CED-Patienten, die über längere Zeit an Diarrhoen leiden, die Einnahme von Zinkpräparaten anzuraten. Gut resorptionsfähig sind die organischen Zinkverbinden Zinkglukonat, Zinkorotat und besonders Zinkhistidin. Diese Verbindung zeichnet sich durch eine hervorragende Resorptionsfähigkeit und gleichzeitig durch den antientzündlichen Effekt von Histidin aus.

**Omega-3-Fettsäuren**
Omega-3-Fettsäuren wirken entzündungshemmend. Omega-3-Fettsäuren sind hochungesättigte Fettsäuren, die im Fett von bestimmten Fischarten in höherer Konzentration vorkommen. Im Ablauf der Nahrungskette (Phytoplankton enthält Omega-3-Fettsäuren) reichern sich die Omega-3-Fettsäuren in diesen Fischen, wie beispielsweise Aal, Bückling, Hering, Lachs, Ölsardine oder Tunfisch an. Zuchtfische, wie beispielsweise Zuchtlachs, enthalten in der Regel durch die industrielle Fütterung keine oder deutlich geringere Mengen Omega-3-Fettsäuren als Meeresfische.

**Gehalt an Omega-3-Fettsäuren (g / 100 g Fisch)***

| | |
|---|---|
| Aal | 11,8 |
| Bückling | 4,9 |
| Flunder | 0,2 |
| Forelle | 1,2 |
| Hecht | 0,4 |
| Heilbutt | 1,1 |
| Hering | 5,1 |
| Kabeljau | 0,2 |
| Karpfen | 2,5 |
| Lachs | 7,1 |
| Makrele | 4,0 |
| Ölsardine | 5,7 |
| Rotbarsch | 1,4 |
| Sardine | 2,4 |
| Scholle | 0,3 |
| Seehecht | 0,4 |
| Seezunge | 0,5 |
| Tunfisch | 6,8 |
| Zander | 0,3 |

*Analysegrundlage: Freilebende See- oder Süßwasserfische - keine Zuchtfische

Omega-3-Fettsäuren haben eine Vielzahl medizinischer Effekte und finden Einsatz in der Therapie von entzündlichen Erkrankungen (beispielsweise rheumatoide Arthritis), Herz-Gefäß-Krankheiten (Senkung des Triglyzeridspiegels, Verringerung der Thrombozytenaggregation, Senkung des Blutdrucks) oder bei Diabetes mellitus, Asthma, Nieren- und Autoimmunerkrankungen sowie im Rahmen der Krebstherapie. Omega-3-Fettsäuren verringern die Bildung von Entzündungsübermittelnden Substanzen (Entzündungsmediatoren) und finden daher auch Einsatz bei chronisch entzündlichen Darmerkrankungen. Bei Morbus Crohn und Colitis ulcerosa ist LTB4 (Leukotrien B4) der Hauptmediator der Entzündungsschübe. Omega-3-Fettsäuren hemmen die Bildung von LTB4 und fördern die Entstehung es schwächer entzündungsförderlichen LTB 5. Bei Colitis ulcerosa wurden in der Darmmucosa erhöhte Konzentrationen an den Entzündungsmediatoren Arachidonsäure, LTB4 und PGE2 gemessen. In einer Reihe von klinischen Untersuchungen ergab sich, dass die Gesamtsituation bei Morbus Crohn und Colitis ulcerosa ausgeprägt verbessert wird. Die LTB4-Werte sanken unter der Gabe von Omega-3-Fettsäuren zum Teil signifikant und der Dosis an Basistherapeutika wie Sulfasalazin und Glucocorticoiden konnte deutlich reduziert werden. Scheinbar fördern Omega-3-Fettsäuren als zusätzlicher Therapiebaustein die Remission. Nach den bisher vorliegenden Studien ist eine Therapie mit Omega-3-Fettsäuren zusätzlich und nicht ausschließlich angezeigt. Bei der Behandlung chronisch entzündlicher Darmerkrankungen, insbesondere Colitis ulcerosa, konnte in mehreren klinischen Studien ein signifikanter Rückgang der Beschwerden (Koliken und Durchfall) erzielt werden. Die Ergebnisse von klinischen Studien zur Wirkung von Omega-3-Fettsäuren bei Morbus Crohn sind nicht einheitlich. Während bei einigen deutliche Effekte ausblieben, zeigten neuere Studien bei Patienten in der Remissionsphase eine Reduktion der Rückfallquote und Senkung verschiedener Entzündungsparameter. Mittels Omega-3-Fettsäuren konnte bei Colitis-Betroffenen eine 53 prozentige Reduktion der Krankheitsaktivität erzielt werden. Unter Placebo lag die Reduktion nur bei 4 Prozent. Auch die Rezidivrate ließ sich mittels Omega-3-Fettsäure-Gabe reduzieren.

**Effekte von Omega-3-Fettsäuren (Ergebnisse von 9 Studien)**
1. Deutliche Besserung klinischer Aktivität
2. Besserung der Gesamtsymptomatik
3. Gewichtszunahme
4. Reduktion der Entzündungsparameter
5. Abnehmender Glucocorticoidbedarf
6. Beschleunigte Remission
7. Reduzierte Rezidivrate

Die Analyse von 9 Studien ergibt, dass täglich dauerhaft 3,5 Gramm Omega-3-Fettsäuren verabreicht werden müssen. In den Studien gab es eine Schwankungsbreite von 0,6 bis 5,6 Gramm Omega-3-Fettsäuren täglich. In Deutschland sind verschiedene Arzneimittel (beispielsweise Eicosan oder Ameu) auf der Basis von Fischöl mit einem hohen Gehalt an Omega-3-Fettsäuren (Eicosapentaensäure und Docosahexaensäure) zugelassen. Allein durch den Verzehr von Fisch können nicht ausreichend Omega-3-Fettsäuren aufgenommen werden, so dass es empfehlenswert ist, Arzneimittel auf Basis von Fischöl einzunehmen. Trotzdem ist der Konsum von Fisch für Patienten mit chronisch entzündlichen Darmerkrankungen sinnvoll, da er reichlich gut verwertbares Eiweiß, Zink, Jod, Omega-3-Fettsäuren und weitere essentielle Stoffe enthält. Es ist sinnvoll, wöchentlich 2 bis 3 Fischmahlzeiten einzuhalten. Weitere Informationen zur antientzündlichen

Ernährungsweise sind im Buch „Genussvoll essen bei Rheuma" zu finden (s. Anhang).

## Milcheiweißallergie und Milchzuckerunverträglichkeit (Laktoseintoleranz)

Ein Meiden von Milcheiweiß führt im akuten Entzündungsschub bei einem Viertel der Patienten mit Colitis ulcerosa und einem Drittel der Patienten mit Morbus Crohn zur Verringerung der Diarrhoen. Daher sollte im akuten Entzündungsschub auf Milch, Milchprodukte und milcheiweißhaltige Produkte verzichtet werden. Im symptomfreien Intervall können diese Lebensmittel wieder in den Speiseplan einfließen, wenn keine Milchzuckerunverträglichkeit und/oder Milcheiweißallergie besteht. Zu einer Milchzuckerunverträglichkeit kommt es insbesondere bei Morbus Crohn, da das milchzuckerspaltende Enzym Laktase in der Dünndarmschleimhaut gebildet wird. Eine entzündete Schleimhaut bildet weniger Laktase. Das führt dazu, dass Milchzucker nicht gespalten und aufgenommen werden kann und unverdaut in den Dickdarm gelangt. Hier führt er zu Durchfall, Bauchschmerzen und Blähungen. Der Arzt stellt eine Milchzuckerverträglichkeit mit einem Laktosebelastungstest (Laktose = Milchzucker) oder einem H2-Atemtest fest. Die Therapie besteht in der Substitution des Enzyms Laktase (beispielsweise Kerutabs oder Kerulac) und der Meidung von laktosereichen Lebensmitteln, Getränken und Speisen. Natürlicherweise kommt Milchzucker nur in Milch vor. Oftmals liegt die Unverträglichkeit nur im Schub vor und im symptomfreien Intervall wird Milchzucker vertragen. Gut vertragen werden in der Regel auch Joghurt und andere gesäuerte Milchprodukte, da die enthaltene bakterielle Laktase bei der Verdauung des Milchzuckers hilft. Das trifft insbesondere auf probiotische Milchprodukte zu.

## Carrageen

Der Lebensmittelzusatzstoff Carrageen (E 407) erzeugt im Tierversuch Veränderungen an der Schleimhaut von Ratten. Beim Menschen konnte dies bisher nicht bestätigt werden. Aufgrund der Beobachtung beim Tier sollten Patienten mit chronisch entzündlichen Darmerkrankungen diesen Zusatzstoff, der beispielsweise in Fertigkakao, Bisquits, Desserts, Pudding, Eiskreme, Sahnespray oder Salatsoßen enthalten sein kann, meiden. Enterale Ernährung, die Carrageen enthält, tragen den Hinweis, dass sie bei CED nicht geeignet sind. Carrageen ist ein Stabilisator, der beispielsweise bei Fertigkakao die Kakaoteilchen in Schwebe hält, sodass sie nicht zu Boden sinken. Carrageen wird aus Algen gewonnen. Vorsichtshalber sollten Patienten mit CED alle carrageenhaltigen Produkte meiden. Carrageen ist auf der Zutatenliste von Lebensmitteln als Carrageen oder E 407 angegeben.

## Diabetes mellitus durch Kortisontherapie

Kortison ist ein blutzuckererhöhendes Hormon. Muss bei CED langfristig und hochdosiert mit Kortison behandelt werden, kann es zur Ausbildung eines Diabetes mellitus (Zuckerkrankheit) kommen. Diese spezielle Diabetesform ist immer insulinpflichtig. Bei Diabetes mellitus bezeichnet der Arzt als steroidbedingten Diabetes mellitus. Diabetiker müssen eine diabetesgerechte Ernährung einhalten. CED-Patienten, die einen Diabetes haben oder im Rahmen der Kortisontherapie entwickeln müssen eine individuelle diätetische Beratung durch erfahrene Diätassistenten und Diabetesberater der Deutschen Diabetesgesellschaft mitmachen.

### Chologene Diarrhoe

Gallensalz werden in der Leber produziert, in der Gallenblase gespeichert und an den Dünndarm zur Fettverdauung abgegeben. Die Gallensalze werden im terminalen Ileum zurückresorbiert. Ist eine starke Entzündung oder hat eine Resektion dieses Abschnitts stattgefunden, veramt der Körper an Gallensalzen. Dadurch kann Fett schlecht verdaut und aufgenommen werden. Das führt zur Mangelernährung und Durchfall. Zur Behandlung der chologenen Diarrhoe gehört die Meidung von normalem Koch- und Streichfett. Um nicht zu wenig Energie zuzuführen muss ein Spezialfett gegeben werden, dass mittelkettige Triglyzeride enthält, die ohne Gallensalze aufgenommen werden können. In schweren Fällen ist es erforderlich, auch fettreiche Nahrungsmittel durch fettarme zu ersetzen. In diesem Falle ist eine Diätberatung durch erfahrene Diätassistenten anzuraten.

### Ernährung bei Stenosen

Kommt es durch eine chronisch entzündliche Darmerkrankung zur Ausbildung von Stenosen (= Engstellen im Darm), sollten ballaststoffreiche, faserige Lebensmittel gemieden werden. Dazu gehören Apfel mit Schale, Orangen, Mandarinen, Grapefruits, Tomaten, Blattsalate, Kohl, Spinat, Schwarzwurzeln, Kleie, Nüsse, Müsli, Vollkornbrot, Pilze, ungeschältes Obst und Trockenobst. Stenosen sind insbesondere bei Morbus Crohn häufig.

### Oxalsäure und Nierensteine

CED-Patienten leiden 20 bis 70 mal häufiger unter Nierensteinen als Gesunde. In der Regel sind es Oxalsäuresteine. Beim Gesunden wird Oxalsäure, mit aus der Nahrung stammt, mit Kalzium im Darm zu einem unlöslichen Stoff (Kalziumoxalat). Dieser Stoff wird ausgeschieden. Die Oxalsäure kommt in Nahrungsmittel vor und ist Abbauprodukt des Vitamins C. Kommt es bei Morbus Crohn oder Colitis ulcerosa zu einer Fettverwertungsstörung (siehe chologene Diarrhoe), gelangt ungespaltenes Fett in den Dickdarm. Hier verbindet es sich mit Kalzium und es steht wenig Kalzium für die Oxalsäurebindung zu Verfügung. Dadurch wird Oxalsäure vermehrt aufgenommen und in der Niere kommt es zur Gefahr der Nierensteinbildung. Liegt eine schlechte Fettverwertung vor, muss eine MCT-Diät durchgeführt werden, die kalziumreich und oxalsäurearm ist.

**Autor: Sven-David Müller, M.Sc., staatlich anerkannter Diätassistent, Diabetesberater DDG**